Urvi Gupta

Estudo etnomedicinal de várias aldeias em Dhanpur Taluka, Dahod, Guj

Urvi Gupta

Estudo etnomedicinal de várias aldeias em Dhanpur Taluka, Dahod, Guj

ScienciaScripts

Imprint
Any brand names and product names mentioned in this book are subject to trademark, brand or patent protection and are trademarks or registered trademarks of their respective holders. The use of brand names, product names, common names, trade names, product descriptions etc. even without a particular marking in this work is in no way to be construed to mean that such names may be regarded as unrestricted in respect of trademark and brand protection legislation and could thus be used by anyone.

Cover image: www.ingimage.com

This book is a translation from the original published under ISBN 978-613-9-89714-8.

Publisher:
Sciencia Scripts
is a trademark of
Dodo Books Indian Ocean Ltd. and OmniScriptum S.R.L publishing group

120 High Road, East Finchley, London, N2 9ED, United Kingdom
Str. Armeneasca 28/1, office 1, Chisinau MD-2012, Republic of Moldova, Europe
Printed at: see last page
ISBN: 978-620-5-66999-0

CONTEÚDO

CAPÍTULO 1

INTRODUÇÃO

Desde milhões de anos que as plantas partilham um lugar importante na sociedade humana. Elas têm sido utilizadas de muitas maneiras pelo ser humano. No início de 1874 Powers S. cunhou o termo "botânica aborígene" para o estudo do uso das plantas entre as sociedades tradicionais. O seu termo permaneceu a descrição estabelecida durante um quarto do século. John W. Harshberger, professor de botânica na Universidade da Pensilvânia, também conhecido pelo seu trabalho na ecologia das comunidades vegetais, usou pela primeira vez o termo "etnobotânica" em 1895. Publicou-o no ano seguinte. Durante os últimos 100 anos, os investigadores continuaram a definir a etnobotânica.

Etnobotânica é o estudo que se ocupa da relação do ser humano com as plantas ao longo do tempo e do espaço, que inclui muitos campos de investigação como a botânica, bioquímica, farmacologia, toxicologia, medicina, nutrição, agricultura, ecologia, evolução, religião, sociologia, antropologia, lingüística, história e arqueologia. Portanto, existem numerosas abordagens e aplicações de estudos etnobotânicos (Alexiades, 1996; Martin, 1995; McClatchey *et. al,* 2009; Minnis, 2000).

A Ciência da Etnobotânica começou com observações directas sobre a dependência dos animais em relação às plantas (Minnis, 2000). Foi originalmente conceptualizada como uma arte e habilidade praticada por pessoas de fora que viajavam para terras remotas para documentar costumes e crenças (Martin, 1995)

Utilização de Plantas

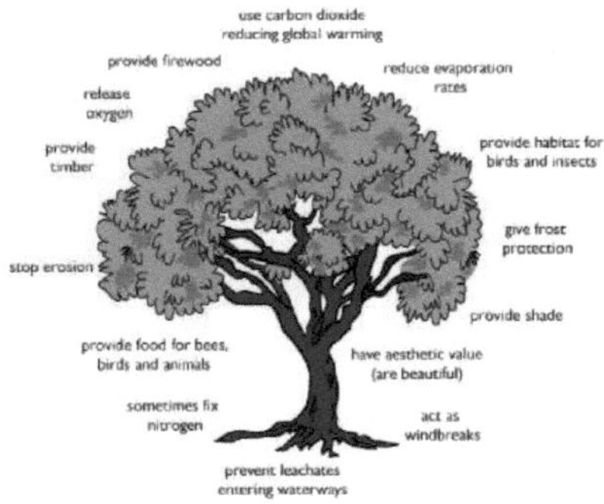

A sociedade humana está dependente das plantas de muitas maneiras. Pode dizer-se que a existência humana só se tornou possível nesta terra por causa das plantas. Desde as necessidades básicas de alimentação até ao abrigo, passando pela saúde e religião, as plantas têm uma ligação profunda com o ser humano.

Entre todos os usos das plantas, os valores medicinais das plantas são um factor importante. E os medicamentos à base de plantas são conhecidos como "Medicamentos à Base de Plantas".

Medicamentos à base de plantas

Desde há muito tempo que os medicamentos baseados em plantas têm sido amplamente utilizados em todo o mundo. Tradicionalmente estes medicamentos estão a ser utilizados para curar doenças. Segundo a Organização Mundial de Saúde, quase 80% da população mundial depende do sistema tradicional de cuidados de saúde. Os medicamentos à base de plantas têm sido utilizados tanto na antecipação como no tratamento de várias doenças humanas e animais (Chan, 2003).

Mais de três quartos da população mundial é beneficiada com os medicamentos à base de plantas. Desde os seus 5000 anos de existência, as plantas são utilizadas para tratamento medicinal na Índia. Foi reconhecido que 2500 espécies de plantas têm valor medicinal, enquanto se estima que mais de 6000 plantas são exploradas na medicina tradicional, popular e herbácea (Choudhary *et. al,* 2008).

O programa sobre medicamentos tradicionais da OMS define-o como: "a soma total de todos os conhecimentos e práticas, explicáveis ou não, utilizados no diagnóstico, prevenção e eliminação de desequilíbrios físicos, mentais ou sociais e que se baseiam exclusivamente na experiência prática e na observação transmitida de geração em geração, quer verbalmente quer por escrito".

Etnobotânica é o estudo de como e por que razões as pessoas utilizam as plantas. A utilização está normalmente relacionada com a conceptualização da importância das plantas pelas pessoas, medicinais ou não, e a sua experiência de plantas que ocorrem no seu ambiente local. A utilização de plantas para fins medicinais teve origem desde o início da civilização, como evidenciado pelos primeiros usos registados encontrados na Babilónia (1770 AC) e no antigo Egipto (1550 AC) (Veilleux e King, 1996).

Tem sido relatado que os conhecimentos tradicionais estão a desaparecer de dia para dia. Ainda existem muitas comunidades nas regiões rurais e tribais que sustentaram as suas tradições e conhecimentos associados a ela. Verifica-se que as tribos estão estreitamente associadas à natureza e partilham um forte vínculo.

Origem da Etnobotânica

A etnobotânica surgiu quando o homem mais antigo observou os animais, principalmente os macacos e macacos a comerem certas plantas frequentemente para satisfazer a sua fome e outras vezes para curar a sua ferida e para se livrar de dores e sofrimentos. As observações sobre macacos e macacos (que estavam muito próximos dos seres humanos em morfologia e também em anatomia e fisiologia) comendo certas partes de plantas - raízes, caules, folhas, flores, frutos e sementes e os efeitos benéficos no seu corpo deram um alimento para pensar a estes homens primitivos e deu início à génese de pensamentos básicos no cérebro humano. Uma análise de tais observações provocou-lhes a utilização de plantas para a manutenção da vida e alívio de doenças. Desta forma, ajudou-os na formulação dos conceitos básicos das ciências da vida que foram avaliados racionalmente, mais tarde, ao longo de um período de tempo. Assim, com base nos usos das plantas primeiro pelos animais e depois pelos seres humanos, surgiu o conceito de etnozoologia e etnobotânica que se fundiram para dar origem à etnobiologia.

Conceito de Etnobotânica

O conceito de etnobotânica começou a desenvolver-se em 1895 após uma palestra em Filadélfia pelo Dr. John Harshberger, onde o termo etnobotânica foi utilizado pela primeira vez por Hershberger para descrever o seu campo de estudo, nomeadamente: "o estudo das plantas utilizadas pelos povos primitivos e aborígenes" (Robbins *et al.* 1916). E o seu âmbito foi muito elaborado mais tarde por Ford (1978) e Faulks (1958). Na Índia foi o Dr. S.K. Jain (1986) do NBRI, Lucknow, afectuosamente conhecido como "Pai da Etnobotânica Indiana", que fez investigações pioneiras. A etnobotânica assumiu hoje um novo significado e uma nova dimensão quando a civilização moderna se apercebeu que todos os produtos vegetais que hoje utilizam como alimento ou como medicamento são o presente dos primeiros homens que utilizavam essas plantas para satisfazer a sua fome e curar as suas feridas e para conhecer e avaliar a utilidade dessas plantas frequentemente experimentadas no seu próprio corpo, por vezes também sofrendo acidentalmente devido à sua utilização, como no caso de algumas plantas venenosas.

Conceitos actuais da Etnobotânica

Actualmente, a etnobotânica é mencionada como um vasto campo da ciência das interacções humanas com as plantas e o ecossistema. É uma ciência multidisciplinar, que incorpora biologia, ciência vegetal, silvicultura, ecologia, agricultura, ciências medicinais, fitoquímica, farmacologia, história, antropologia, cultura, literatura, lingüística, etc. (Jain, 1989). Depende de muitas abordagens variadas. É um reflexo do tipo floral de uma determinada região, da cultura das pessoas que vivem nessa região e da sua relação. Inclui todos os aspectos do uso aborígene e tradicional, incluindo alimentos, vestuário, combustível, venenos, narcóticos, estimulantes, perfumes, corantes, medicamentos e assim por diante. O conceito de etnobotânica sofreu várias alterações.

"Etnobotânica é um termo utilizado para se referir à disciplina académica que trata da interacção das pessoas com as plantas. Como disciplina académica, a definição de Etnobotânica é variada, mas existem alguns elementos comuns no conceito. É amplamente definido como o estudo da relação total entre as plantas e as pessoas" (Cox e Balick, 1996).

"A maioria dos estudos etnobotânicos têm-se restringido a estudos de populações tribais e rurais para registar o seu conhecimento e utilização de plantas e para procurar novas fontes de fármacos à base de ervas, plantas comestíveis e outras propriedades de plantas de valor para o homem" (Jain e Mudgal, 1999)

"Etnobotânica é o estudo da relação entre as plantas e as pessoas: De" etno" - estudo das pessoas e "botânica" - estudo das plantas. A etnobotânica é considerada um ramo da etnobiologia. A etnobotânica estuda as relações complexas entre (usos de) plantas e culturas humanas. O foco da etnobotânica é a forma como as plantas foram ou são utilizadas, geridas e percebidas nas sociedades humanas e inclui plantas utilizadas para alimentação, medicina, adivinhação, cosmética, tinturaria, têxteis, para construção, ferramentas, moeda, vestuário, rituais, vida social e música" (Schaltes ,1986).

"O conhecimento etnobotânico é importante para os planeadores e decisores políticos que concebem soluções para problemas locais e regionais (Alcorn, 1986)". Assim, a etnobotânica é um tema multidisciplinar que trata das relações totais entre as plantas e as pessoas no contexto da sua cultura.

Importância da Etnobotânica

Os povos tribais e rurais vivem na zona onde as plantas crescem naturalmente. Têm um conhecimento notável do uso das plantas que crescem à sua volta. Eles conhecem a utilidade desta planta. O seu sustento depende da disponibilidade das plantas e do conhecimento do uso das suas plantas que ganham com a sua geração anterior. Nos últimos séculos, as culturas industrializadas têm explorado e assimilado incessantemente as culturas indígenas do mundo. Isto levou a uma perda insondável do nosso património humano colectivo (Schultes, 1994). Mas, sem a devida documentação, estas informações podem perder-se para sempre. Portanto, a etnobotânica tem grande importância, como por exemplo:

- O conhecimento da origem, evolução e migração de várias comunidades étnicas pode ser recolhido pela Etnobotânica.
- Tem uma grande importância para a documentação da cultura de várias comunidades.
- Fornece o registo e documentação sistémica do conhecimento indígena sobre o uso das plantas em relação à cultura antes da sua extinção.
- Ajuda a descobrir novos recursos vegetais úteis para vários fins e a sua correcta domesticação.
- O recente aumento no fabrico de medicamentos à base de plantas medicinais criou uma grande procura de plantas medicinais. Assim, desempenha um papel importante no

estabelecimento de indústrias farmacêuticas e na identificação de fármacos novos e alternativos.

- Ajuda a saber sobre a distribuição geográfica da comunidade vegetal.
- Documentação de tecnologia e sistema de gestão indígenas para a preservação dos recursos vegetais.
- O conhecimento da conservação da biodiversidade por várias comunidades pode ser reunido.

Tribais e Etnobotânica - Relação inseparável

O perfil de diversidade étnica da Índia é mais apelativo devido ao segmento tribal da população. Quase 427 tribos diferentes residem na Índia, o que torna uma proporção significativa da população da Índia. Devido à contribuição destas comunidades tribais, a Índia é bem conhecida pela sua herança de conhecimentos medicinais herbáceos. As pessoas étnicas e tribais que vivem nas áreas florestais remotas dependem em grande medida do sistema medicinal indígena (Kayang, 2007).

Não só como alimento ou medicina, mas também como plantas são utilizadas em várias formas de culto para a segurança da vida humana. Várias partes de plantas como flores, folhas, botões, cascas e galhos são frequentemente oferecidas a diferentes deuses e deusas em várias actividades religiosas em todo o país.

Os mitos tribais são muito ricos em crenças mágico-religiosas e tabus, pois acreditam que alguns deuses e divindades residem nas árvores. E por causa disso consideram as plantas cultivadas perto de diferentes instituições religiosas como plantas sagradas. Neste terreno religioso, os seus festivais, rituais e outros aspectos culturais e sociais estão estreitamente associados à vegetação circundante (Sharma e Pegu, 2011).

Perspectivas do Estudo

O estudo actual está ligado à forma como a consciência humana e os usos das plantas influenciam o ambiente e a vegetação circundante. Inclui o estudo etnobotânico de Dhanpur taluka , distrito de Dahod do estado de Gujarat. Tem sido feito um esforço para assumir uma abordagem interdisciplinar, sondando a população tribal e rural e a sua compreensão do seu ambiente próximo que influencia a sua relação com as plantas e regula os seus usos.

Objectivos

- Identificação de curandeiros locais (Vaidyas e Bhagats) e detentores de conhecimentos tradicionais.
- Descobrir a variação no conhecimento da preparação e utilização de plantas com documentação sistemática dos conhecimentos tradicionais relacionados

- Descobrir a variação na nomeação (conhecimento teórico), e identificação das plantas, dos seus habitats e das suas utilizações (conhecimento prático) com a ajuda da população local.
- Estudo dos recursos naturais da zona, incluindo usos das florestas, espécies selvagens e plantadas

Resultado esperado do estudo (Hipóteses)

Dhanpur Taluka é muito rico em conhecimentos florísticos e etnobotânicos. O povo tribal tem o seu próprio estilo de vida, cultura, tradição e crença. Pode presumir-se que obtêm informações sobre a variação das plantas e os seus usos.

Presume-se que os mais velhos têm um conhecimento etnobotânico mais elevado do que a geração mais jovem.

Espera-se que os conhecimentos tradicionais individuais sejam influenciados pelo sexo, idade e nível educacional.

CAPÍTULO 2

REVISÃO DE LITERATURA

O homem tem vindo a utilizar a flora e a fauna desde o seu surgimento nesta planta. Na Índia, os assustados Rig-Veda e Atharvaveda, que datam de 2000-1000 a.C., mencionam a utilização de plantas. Sushruta samhita (500 a.C.) e Charak samhita (100 d.C.) mencionaram cerca de 1200 plantas para usos medicinais juntamente com a sua acção e aplicações terapêuticas específicas. Esta relação do ser humano com as plantas é também conhecida como "Ethno Botany" (Jain, 2003). O conhecimento sobre as plantas está a ser transferido de geração em geração através de contos mas ainda não devidamente documentado. Vários estudos têm sido realizados em vários cantos da Índia para explorar esse conhecimento oculto.

Nos últimos anos, tem havido um interesse crescente na etnomedicina, principalmente devido ao interesse renovado nos medicamentos tradicionais à base de ervas. De 119 medicamentos à base de plantas, actualmente cerca de 74% são da medicina tradicional (Fernsworth , 1985).

Vários estudos sobre a Etnobotânica

Vários autores escreveram sobre a etnobotânica. As publicações surgiram de diferentes partes do mundo como a América (Medsger, 1939), África (Jardin, 1967), Canadá (Porsild, 1937), China (Porterfield, 1951), Nepal (Manandhar,1994), etc. O Ministério dos Ambientes e Florestas publicou o Plano de Acção Nacional Fotesry e relatórios em 1988, 1999, 2001, 2003. Singh e Pandey (1982), Singh e Saxena (1998) estudaram a botânica etno do Rajastão e as crenças Magicoreligiosas no Rajastão. Saxena (1986) escreveu observações sobre a botânica etno de Madhya Pradesh. Rao (1990) descreveu técnicas e métodos em botânica etno. Shrivastava et.al. (1999) escreveram sobre plantas medicinais de Madhya Pradesh, Drund Plant Resources of Central India.

Conhecimentos tradicionais em saúde e medicina:

Um levantamento das comunidades tribais de Gujarat que de *cerca de* 2000 taxas vegetais que ocorrem em Gujarat, 760 são medicinais e 450 são de importância económica e a maioria destas espécies vegetais são utilizadas por tribais (Umadevi et al, 1989). A ocorrência regional de espécies medicinais importantes em Gujarat é: 353 espécies de Kachchh e Banaskatha (zona deserta), 540 espécies de Saurastra, Gujarat do Norte excluindo Banaskatha e Gujarat uo central ao rio Narmada (zona semi-árida), 488 espécies de Bharuch, Valsad, Surat e Dangs (zona Malabar). Destas, 271 espécies encontram-se em todas as partes do Gujarat enquanto outras têm distribuição regional e restrita (Gavali e Sharma, 2003)

O conhecimento tradicional e a conservação da biodiversidade:

Muitas espécies são protegidas pelas pessoas por causa das suas crenças tradicionais. Ideologias tradicionais conceptualizadas em "Jeev Daya" (Compaixão pela vida) ideal para todos os animais em respeito pela região de Vala Kathi, Vala Rajputs, Patels e Jains de Sauratra e Gujarat do Norte. Há casos em que as pessoas protegeram a Blackluck apesar dos danos causados às suas culturas, e forneceram-lhes água e forragem em períodos de escassez. Formaram também o "Jeev Daya Samiti" para protecção de animais selvagens, principalmente o Blackbuck (Singh e Rana, 1995). Além disso, os conhecimentos tradicionais têm ajudado na conservação de recursos naturais como a água (Agarwal e Narain, 1997).

As plantas são parte integrante da vida e da cultura e são adoradas entre várias tribos na Índia. A adoração de plantas também tem desempenhado um papel importante na história religiosa desde tempos imemoráveis pela rave ariana na Índia. A antiga cultura indiana floresceu no meio das florestas. Uma vez que as plantas das florestas são as mais antigas associadas do homem, são oferecidas na adoração de várias divindades. Tais plantas são utilizadas para o desempenho religioso entre todas as raças da humanidade.

Etnobotânica na Índia

Jain (1991), pai da etnobotânica indiana, representou a informação de 2352 taxa de 1174 gêneros pertencentes a cerca de 259 famílias, no seu livro "Dictionary of India Folk Medicine and Ethnobotany". Em 1992, Bindu et. al. deu um esboço da investigação etnobotânica na Índia. Numerosos etnobotânicos conduziram pesquisas em muitas partes da Índia.

11 espécies de 8 famílias de Manguezais foram relatadas para os seus usos terapêuticos por Pichavaram Mangrooves of East Coat, Tamilnadu (Ravindra *et.al.*, 2005). As tribos de Bengala Ocidental foram reportadas pela utilização de 27 tipos de gramíneas para os seus valores medicinais (Mitra e Mukharjee 2005). Pravinkumar Sharma *et.al* (2005), Estudaram o conhecimento indígena associado a plantas entre os Malanis de Kullu, Himachal Pradesh e relataram 35 espécies de plantas pertencentes a 20 famílias. *Calotropis procera* R.Br. é bem conhecida no deserto como erva leiteira para os seus 20 usos medicinais (Sureshkumar *et.al.*, 2005).

Foram relatadas 27 espécies vegetais para os seus usos etnobotânicos da tribo Tharu da divisão Devipatan, Uttarpradesh (Akhileshkumar *et. al.*, 2006). Diksha Shekhvat e Amla Batra (2006), Studied the house hold remedies of Keshavraipatan tehsil in Bundi district, Rajashtan, recolheram 54 espécies de planats pertencentes a 35 famílias utilizadas no tratamento. Enquanto Lokhande et. al. (2006) relataram 28 várias espécies de plantas para o tratamento de doenças cardíacas.

Estudos sobre as colinas de Satpuda revelaram que estas ainda dependem de plantas medicinais para os cuidados de saúde e para o tratamento de várias doenças. Estão a utilizar 52 espécies de plantas pertencentes a 36 famílias para curar doenças como doenças de pele, queimaduras, diarreia, icterícia, úlcera bucal, febre, dores nas articulações, dores abdominais, enxaquecas, problemas menstruais, problemas urinários, feridas, mordidas de cão, como anti-helmínticos e abortivos. (Kosalge e Fursule, 2009). Da mesma forma que as tribos Korku e Gond de Tahsil Multai utilizando 47 espécies de plantas medicinais pertencentes a 29 famílias e 45 géneros (Dahare et. al., 2010). 110 plantas em crescimento selvagem foram alegadamente utilizadas pelas tribos Khasi, Jaintia e Garo de Meghalaya para vários fins (Kayang, 2007). Foi reportado um total de 38 espécies de plantas pertencentes a 37 géneros e 21 famílias, que são utilizadas pelas tribos de Bijagarh no tratamento de vários males humanos (Mahajan, 2007). *Birhore,* uma tribo em declínio de Jharkhand, é a guardiã dos conhecimentos botânicos tradicionais. A sua vida quotidiana depende unicamente da floresta. As suas formas de utilizar as plantas como alimento, medicina e para outros fins domésticos são não só inovadoras mas também científicas (Mairh *et. al.,* 2010).

Os dados etnobotânicos também revelaram a utilização de medicamentos à base de plantas para doenças animais. Jain (2000) estudou medicina etnoveterinária para o tratamento de gado em Ghats Oriental de Andhra Pradesh, registou 35 espécies de 35 géneros representando 28 famílias utilizadas como medicina etnoveterinária. Savita *et.al* (2006), relatou 222 angiospermas que são comestíveis também para o homem e animais.

Etnobotânica em Gujarat

Na história da etnobotânica de Gujarat Thaker (1886-1906) foi a primeira a explorar extensivamente a vegetação em redor das colinas de Barda Hills e seus arredores, entre Porbandar e o distrito de Jamnagar. O seu trabalho foi publicado como *"Vanaspatisastra"* -'Barda Dungar in Jadibuti, teni pariksha anae Upayog', (Thaker, 1910). Tem documentado 613 espécies medicinais. Mas o seu trabalho estava restrito apenas à região de Saurashtra. Muitos outros investigadores tentaram explorar a etnobotânica de Gujarat. Jadeja (1999) estudou sobre os conhecimentos tradicionais da tribo rabari das colinas de Bhadra em Gujarat. No mesmo ano, Bhatt *et. al.* (1999) estudou as plantas etnomedicinais de Shetrunjay Hills of Palitana.

Tribos de Saurashtra foram relatadas por utilizarem 133 espécies medicinais (Shah *et.al.,* 1981). Joshi *et.al.* (1980) estudaram sobre medicamentos folclóricos de Dangs. Enquanto Shah e Gopal (1982), investigaram a região dang e documentaram 145 espécies medicinais utilizadas pela comunidade Dangi. Estudaram também a cultura e os medicamentos à base de ervas usados pelas tribos Bhils, Rabari, Dubias e gharasias de Gujarat (Shah e Gopal, 1985). Trabalho semelhante foi realizado por Bhatt e Sabnis (1987) sobre "EthnoBotany of Khedbrahma". Na região de Kachchh, acredita-se que o trabalho realizado por Thaker (1926) é um trabalho pioneiro. Foi listado cerca de 507 plantas angiospérmicas pertencentes a 75 Famílias com utilidades económicas e outras. Isto foi relatado no seu trabalho intitulado "Kachchh Bruhad Bhoogar".

Rao (1981) também, recolheu informações sobre a riqueza da flora de Katchh do Sul-Leste e mencionou 273 espécies com usos medicinais. Ismail master (2000) relatou 113 espécies de Kala Dunagar na área de Pancham de Bhuj taluka no norte de Kachchh, com menção dos seus usos terapêuticos. A flora florestal do estado de Gujarat (Patel 1965) também descreve os usos medicinais das plantas.

Outras obras bem conhecidas nesta área compreendem um livro de Sukkawala (1974) que apresenta um relato histórico, classificação de fitoterápicos, adulterantes, doenças comuns e a sua cura, anatomia, morfologia e constituintes químicos. O livro intitulado *"Gujarat ni Vanaspatio"* Bapalal Gadbaddas Vaidya (1935) merece uma menção especial. Cobre 528 plantas com uso medicinal (incluindo samambaias). Entre as obras traduzidas, "Aryabhishek athwa Hinduatan no Vaidyaraj" escrito originalmente em marathi por Shri Shastri Sankar Daji Pade (1914). Por volta da mesma época, a revista "Dhanvantri" e: Vaidya Kalpataru" foram publicadas a partir de Gujarat.

Embora tenha havido muito trabalho realizado por muitos etnobotânicos na Índia e em Gujarat, poucas partes ainda permaneceram intocadas. Dhanpur taluka do distrito de Dahod é uma delas. Não foi encontrada literatura com referência a uma área seleccionada. Por conseguinte, é necessário explorar a região e documentação adequada dos conhecimentos tradicionais necessários.

CAPÍTULO 3

<u>MATERIAIS E MÉTODOS</u>

Para o presente estudo foi seleccionado Dhanpur taluka do distrito de Dahod e foi realizado um inquérito para documentar o conhecimento tradicional baseado em ervas medicinais. Antes da visita de campo foram estudados livros sobre etnobotânica, flora e mapa da área de estudo e, com base na literatura revista, foi desenvolvido um questionário.

Desenvolvimento do Questionário

Questionário

Foi preparado um formulário de questionário (Anexo 1) e foram feitas perguntas e a informação resultante foi registada no livro de notas de campo etnobotânico juntamente com o nome da localidade e nomes locais. Foi também feita uma tentativa de anotar a dosagem aproximada dada e a preparação de partes de plantas medicinais para o tratamento de várias doenças e distúrbios. Foram anotadas as fotografias e procedimentos da parte das plantas utilizada pelos curandeiros.

Materiais utilizados

Os seguintes materiais foram utilizados durante o inquérito e para análise posterior:

1. Cópias do formato de questionário para o inquérito etnobotânico (Anexo-IV).
2. Diário de campo
3. Câmara digital para fotografia
4. Mapa

Metodologia do inquérito

Área de estudo:

Dhanpur Taluka, Dahod Disrict, Gujarat

O distrito de Dahod faz parte da Região Hilly Oriental e está subdividido em duas subregiões, nomeadamente, Mahi Plain e Forested e Scrub zone com base na topografia, clima, geologia, solos e vegetação natural. Anteriormente este distrito era adjacente ao distrito de Panchmahals.(O.P.D. 2010-11)

O distrito tem 7 Talukas para o seu controlo administrativo, bem como para o desenvolvimento. Dos 7 Talukas 5 Talukas têm uma população tribal. O Distrito de Dahod está ainda subdividido nos seguintes Blocos (Tehsils/Talukas): Dahod, Jhalod, Devgadh Baria, Garbadi, Limkheda, Fatepura, Dhanpur.

Entre sete taluka do distrito de Dahod, Dhanpur taluka foi seleccionada para o estudo.

Localização:

O Bloco Dhanpur tem uma área de 46638,71 Km^2 , e uma população de 131855 (censo de 2001), com grande biodiversidade de 90 aldeias. Villeges of Dhanpur Taluka, distrito de Dahod, foram abrangidas pela área de estudo, que são as seguintes:

Dhanpur, Kotambi, Shinghavali, Rachva, Dumka, Bhorva, Garbadi, Simamoi, Chari, Mendhari, Dhudhamali, Taramkaj, Pav, Sajoi, Pipero

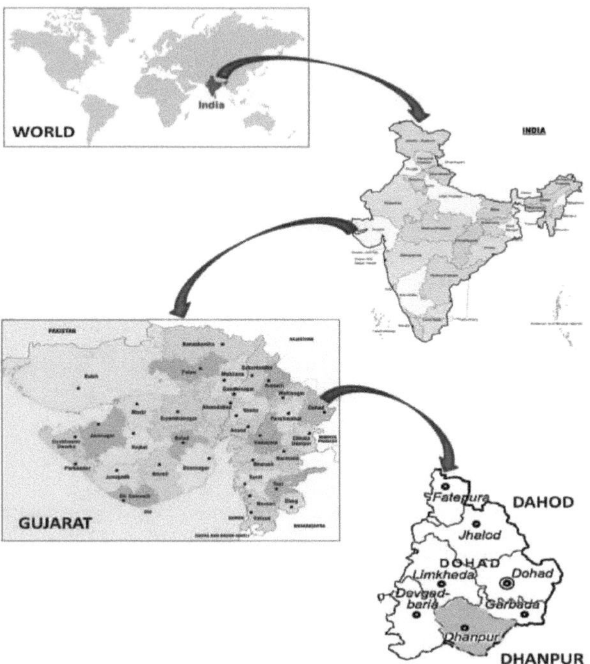

Figura 3.2: Mapa da Área de Estudo

Clima e Geo-Topografia

O clima de taluka é normalmente quente. Esta zona é considerada como zona alimentada pela chuva. Por vezes, a chuva atrasa e o distrito tem de enfrentar a seca. É muito quente durante Março a Junho, enquanto que de Novembro a Fevereiro o Inverno prevalece no distrito. O clima da área é caracterizado por um Verão quente e seca nas estações não chuvosas.

- Época de Inverno de Dezembro a Fevereiro
- Época de Verão de Março a Maio.
- A época das monções sul - oeste é de Junho a Setembro e Outubro e Novembro da época pós monção (D.P R. 2009-10).

No que diz respeito à topografia do distrito, Jhalod e Dahod encontram-se em planícies. A encosta normal situa-se principalmente a norte dos Blocos de Jhalod e Fatepura e a encosta íngreme é em Devgadh Baria, **Dhanpur** e Limkheda Blocks. Os Blocos de **Dhanpur** e Devgadh Baria compreendem rochas metamórficas como Granito, Phyllite, Xisto, e Quartzito.

Agricultura

A população deste distrito depende principalmente da água da chuva para o cultivo, uma vez que o potencial de irrigação desenvolvido até agora é muito limitado. As práticas agrícolas do distrito dependem totalmente da chuva para a qual as populações da área migram de um lugar para outro. Uma vez que a agricultura que depende das chuvas, a água fica seca em anos alternados. Assim, a cultura sofre em grande medida e as pessoas deslocam-se de um local para outro em busca de trabalho. Todos os agricultores estão empenhados na agricultura de legumes e culturas de rendimento. As principais culturas cultivadas são milho, arroz em casca, grama preta, grama verde, tuver, algodão. Na sua maioria estão envolvidos no cultivo de gengibre, alho, bringal, flores, beterraba e gavar.(B.I.P.D.)

Povos tribais

Dahod é um dos distritos tribais de Gujarat. As principais comunidades tribais no bloco Dhanpur são Damor, Bariya, Pargi, Bhagora, Katara.

Plano de trabalho

O Ethnobotanical Survey foi realizado entre Dezembro de 2013 e Fevereiro de 2014 para recolher a informação sobre as plantas medicinais e as suas utilizações a partir da área de estudo.

As seguintes aldeias de Dhanpur taluka, distrito de Dahod, estão cobertas na área de estudo do úder: Dhanpur, Kotambi, Shinghavali, Rachva, Dumka, Bhorva, Garbadi, Simamoi, Chari, Mendhari, Dhudhamali, Taramkaj, Pav, Sajoi e Pipero. Seguiu-se uma interacção com os praticantes de ervas de cada área. Os praticantes de Ervas medicinais consultados encontravam-se na faixa etária entre os 40-80 anos.

Para recolher informações em primeira mão sobre os conhecimentos populares relativos às explorações etnobotânicas foram realizadas em todas as 15 aldeias sob Dhanpur Taluka, distrito de Dahod. O levantamento de campo para estas áreas foi planeado de modo a recolher espécies etnobotânicas interessantes quer em fase de floração quer de frutificação.

A selecção dos praticantes de ervas foi baseada no seu reconhecimento como especialistas e membros conhecedores da medicina popular. Se possível, o consentimento por escrito ou oral foi dado antes da entrevista. A informação sobre plantas foi recolhida com base no questionário preparado e seguido de documentação sobre estas plantas num livro de campo. Os espécimes foram recolhidos de acordo com o método padrão defendido pelo estudo Botânico da Índia[203] e montados em Herbarium. Estes espécimes assim preparados foram rotulados, identificados e autenticados com a ajuda da flora local ou Botânicos.

Para uma correcta compreensão das crenças e usos locais das plantas, diferentes categorias de pessoas como chefes de família, curandeiros, velhos informadores experientes e conhecedores e médicos de várias tribos foram entrevistados repetidamente. Geralmente o médico local ou chefe de aldeia acompanhou o autor durante a viagem de campo à área de estudo. Ao chegar ao local, o relatório foi estabelecido com os chefes da aldeia através dos quais, utilizando diferentes formas que se alteravam com situações e lugares; os homens, mulheres, jovens, crianças e os paramédicos foram contactados e fizeram amizade.

Documentação de informação durante e após o trabalho de campo foi realizada em linhas científicas. Os dados foram anotados em diários de campo especialmente concebidos, cobrindo entradas florísticas e etobotânicas, relatórios diários de aldeia, que abrangiam detalhes que não podiam ser introduzidos em diários de campo.

Recolha e análise de dados

Os dados etnobotânicos foram recolhidos em primeira mão:

Entrevistas

Cerca de 16 praticantes de ervas com conhecimentos práticos de plantas foram entrevistados em 15 aldeias de Dhanpur Taluka, Distrito de Dahod, entre Dezembro, 2013- Fevereiro, 2014 (Anexo). O consentimento escrito foi obtido tanto na língua regional como oficial. Cada praticante de plantas medicinais foi abordado pelo menos três vezes para assegurar que a mesma informação fosse fornecida de cada vez. Os praticantes de plantas medicinais foram solicitados a fornecer informações sobre a utilização e o modo de preparação, juntamente com espécimes frescos de algumas plantas. A informação, assim obtida, foi registada.

Com base nas plantas foram tomadas em três situações:

Foram recolhidas plantas etnomedicinais importantes. Foram também realizadas entrevistas individuais a plantas previamente recolhidas.

Plantas não disponíveis mas disponíveis (As entrevistas sobre plantas na área foram feitas com nomes e notas locais. As plantas foram recolhidas mais tarde).

Plantas não disponíveis nem à mão (enquanto se recolhiam informações, eram tomados os nomes locais das plantas com detalhes sobre a morfologia, hábito e habitat, estrutura, tamanho, cor das flores e frutos juntamente com a estação do ano. As plantas foram recolhidas sempre que surgiu a oportunidade).

Identificação de espécimes de plantas

Para a identificação de características macroscópicas familiares, de géneros e espécies foram utilizados. Além disso, foram identificados e autenticados pelos peritos do assunto.

Informadores

Foram anotadas informações no terreno sobre espécies vegetais, foram recolhidos dados sobre os informadores, o(s) nome(s) local(is) das plantas, para medicamentos. Os informadores locais eram dos seguintes tipos, escolhidos por amostragem seleccionada e métodos de amostragem aleatória:

- Os curandeiros,
- Chefes de aldeia, Sacerdotes e outros líderes proeminentes, as suas esposas ou outras mulheres.
- Homens e mulheres que trabalham no terreno.

A informação recolhida foi considerada notável quando os informadores na mesma aldeia ou em aldeias diferentes relataram uma utilização semelhante.

Os principais informadores são: Bariya Mansungbhai (Rachva), Baria Fatesingbhai K (Simamoi), Ganava Kadvabhai (Pipero), Ganava Bhursengbhai (Pav), Damor Virbhai B (Dumka), Raval Ratniben T (Shinghavali,), Pasaya Nangarsinbhai K (Kotambi), Khabad Maganbhai motibhai (Pipero), Patel Jethabhai K (Bhorva,) Mohaniya Narpatbhai (Dudhamli), Rathod Mangiben L (Garbadi), Chauhan Samantbhai & Guruji (Dhanpur) Rathod Rupabhai H (Chari), Rathva Zopdabhai (Mendhari), Sangda Ratnabhai (Sajoi) , Ravat Gajiben (Taramkaj). Parmar sankarbhai (pipero),

Damor rupabhai(Dumka), Baria kalsingbhai(Rachva) , Bhuria Simabhai(Singhavali).

CAPÍTULO 4

RESULTADOS E DISCUSSÃO

O presente estudo etnobotânico foi realizado em aldeias de Dhanpur taluka do distrito de Dahod, Gujarat, com o objectivo de explorar os conhecimentos tradicionais sobre medicina herbácea da região.Foram realizadas visitas frequentes à área de estudo e foram desenvolvidos contactos. Com base nela foram identificados os detentores de conhecimentos tradicionais ou Bhagats. Foi realizada uma interacção com 20 praticantes de fitoterapia e curandeiros tradicionais (Anexo 3) de algumas aldeias de Dhanpur taluka do distrito de Dahod para recolher informações sobre plantas medicinais utilizadas em diferentes doenças. Destes, três praticantes de plantas medicinais não cooperaram para revelar a informação.

O género também desempenha um papel importante na documentação do conhecimento tradicional. Embora as mulheres estejam muito próximas da natureza e possuam mais conhecimentos sobre as plantas, nunca o divulgam devido à sua natureza tímida. Neste inquérito foram entrevistadas 20 praticantes e entre elas apenas 3 eram mulheres com conhecimentos tradicionais que forneceram a informação enquanto outras se recusaram a interagir.

A informação assim recolhida foi enumerada com nome botânico das espécies vegetais, família, nome local, nome comum, parte utilizada e modo de utilização. O estudo registou a informação etnobotânica de 30 espécies de plantas pertencentes a 21 famílias (Quadro 5). O máximo de plantas foi reportado a partir de fabáceas familiares seguidas de amaranthaceae.

No.	Local Name	Botanical Name	Family	Habit	Plant Part Used	Disease or Ailments
1	MOVDO	*Madhuca longifolia* (J.Koenig ex L.) J.F.Macbr.	Sapotaceae	Tree	Latex	Abscess (a localized collection of pus surrounded by inflamed tissue)
2	GATHIYU	*Tridax procumbens* (L.) L.	Asteraceae	Herb	Leaves & Stem	Bleeding due to Injury
3	GHAS KOBIJ	*Launaea procumbens* (Roxb.) Ramayya & Rajagopal	Asteraceae	Herb	Leaves	Molar Teeth Pain
4	SIMDO	*Bombax ceiba* L.	Bombacaceae	Tree	Prickles	Pimple

5	ANKOL	*Alangium salviifolium* (L.f.) Wangerin	Alangiaceae	Tree	Bark	For vomiting to remove poison
6	BHOY AMBALI	*Phyllanthus fraternus* G.L.Webster	Euphorbiaceae	Herb	Whole Plant	Jaundice
7	PAN FUTI	*Bryophyllum pinnatum* (Lam.) Oken	Crassulaceae	Herb	Leaves	Kidney Stone / Renal Calculi
8	JAL JAMBU	*Alternanthera sessilis* (L.) R.Br. ex DC.	Amaranthaceae	Herb	Whole Plant	Fever
9	ENEE	*Clerodendrum phlomidis* L.f.	Verbenaceae	Shrub	Leaves	Insect or Snake Bite
10	KUVES	*Mucuna pruriens* (L.) DC.	Fabaceae	Climber	Fruit	Worm in Cattles' stomach
11	THUVARI	*Opuntia elatior* Mill.	Cactaceae	Shrub	Leaves	For reducing the spleen
12	BOM	*Portulaca oleracea* L.	Portulacaceae	Herb	Leaves & Stem	Indigestion problem in child
13	ZARAKLI	*Amaranthus spinosus* L.	Amaranthaceae	Herb	Leaves	For removing pus from the abscess or pimple
14	AAMBO	*Mangifera indica* L.	Anacardiaceae	Tree	Stem, Leaves & Latex	Loose motion, For Voice Problem, Molar Teeth Pain
15	UMBER	*Ficus racemosa* L.	Moraceae	Tree	Latex	Crack Heel
16	RATANZHAAD	*Jatropha gossypiifolia* L.	Euphorbiaceae	Shrub	Latex	Molar Teeth Pain
17	DHATURO	*Datura metel* L.	Solanaceae	Shrub	Fruit	To increase the capacity of pregnancy in animal
18	PAPAIYU	*Carica papaya* L.	Caricaceae	Tree	Root	Kidney Stone
19	JAMBU	*Syzygium cumini* (L.) Skeels	Myrtaceae	Tree	Bark	To stop Periods in woman
20	AAMBLI	*Tamarindus indica* L.	Fabaceae	Tree	Bark	Abscess
21	AAMBA HALDAR	*Curcuma amada* Roxb.	Zingiberaceae	Herb	Rhizome	Internal Injury

22	BIJORU	*Citrus medica* L.	Rutaceae	Shrub	Fruit	Kidney stone
23	BHUTENGRI	*Solanum surattense* Burm. f.	Solanaceae	Herb	Fruit	Moalr Teeth Pain
24	ANDURI	*Annona squamosa* L.	Annonaceae	Tree	Bark	Abscess
25	TULSI	*Ocimum tenuiflorum* L..	Lamiaceae	Herb	Leaves	Skin damage from insect bite
26	CHANOTHI	*Abrus precatorius* L.	Fabaceae	Climber	Leaves	Mouth Ulcer
27	LIMDO	*Azadirachta indica* A. Juss.	Meliaceae	Tree	Bark	Abscess
28	TAMAAKU	*Nicotiana rustica* L.	Solanaceae	Herb	Leaves	Snake bite
29	KHAKHAR	*Butea monosperma*	Papilionaceae	Tree	Leaves	Skin allergy due to summer
30	VAD	*Ficus benghalensis* L.	Moraceae	Tree	Aerial Roots	Worm in Cattles' stomach

Quadro n°5 Plantas medicinais utilizadas em diferentes doenças

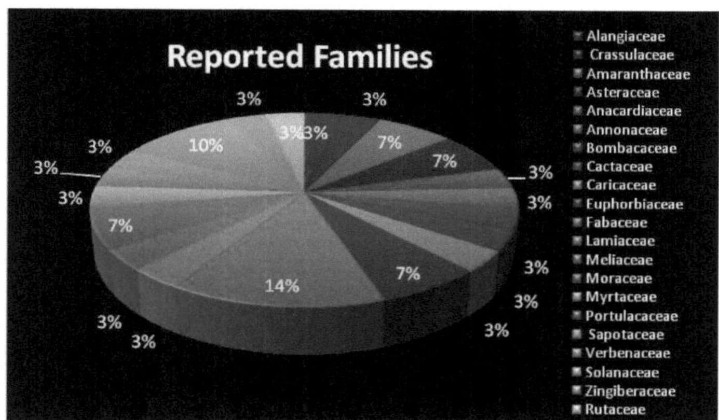

Figura 2: Famílias reportadas durante o inquérito

No inquérito foram relatadas 30 plantas de 29 géneros pertencentes a 21 famílias. Estas plantas são utilizadas no máximo pelos tribais de dhanpur taluka para o tratamento de várias doenças humanas e veterinárias. Os dados também mostraram que as folhas são utilizadas em práticas máximas do que quaisquer outras partes de plantas que são seguidas pelo látex

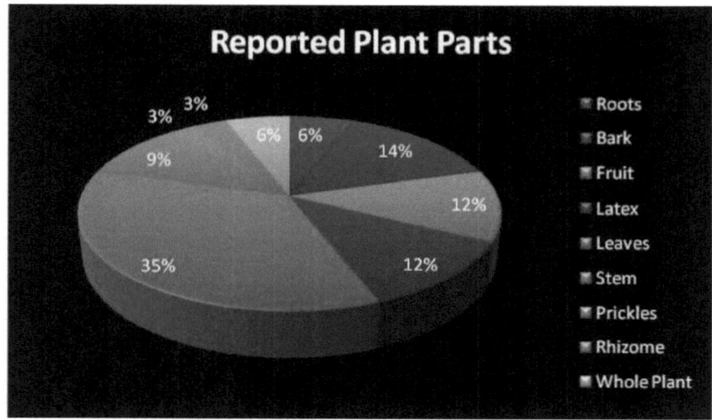

Figura: 3 Partes de plantas relatadas durante o inquérito

Observou também que as raízes e o rizoma estão entre as partes vegetais menos utilizadas. Isto pode ser resultado da sua preocupação com as plantas. Isto indica que as pessoas também estão preocupadas com a conservação das plantas. Constatou-se também que as pessoas têm conhecimentos muito sólidos sobre as plantas, as suas utilizações e conservação das plantas.

Entre a informação total registada, dez formulações são compostas por plantas individuais e o resto é utilizado em combinação. Os detalhes de cada planta foram discutidos abaixo:

1. MOVDO

Scientific name   : *Madhuca longifolia* (J. Koenig ex L.) J. F. Macbr.

Synonyms   : *Madhuca indica* J. F. Gmel.

Family   : Sapotaceae

Local Name   : Movdo

Common Name   : Mahua (Hindi), Honey tree & butter tree (English)

Habit   : Tree

Descrição Botânica: É uma árvore alta de folha caduca com látex leitoso. As folhas são agrupadas perto das extremidades dos ramos, estipuladas, elípticas a obovadas, tomentosas, quando jovens de cor profundamente rosada, glabras, de base arredondada ou aguda. Flores em fasciculos densos perto das extremidades dos ramos. Calice com 4 sépalas dispostas em 2 espiraladas. Corola de cor creme, duas vezes mais do que as sépalas. Stamens 20-24, estaminós zero. Ovário hirsute, peludo na base; estilo 1; Fruta uma baga.

Uso etno-medicinal

Doença: Abscesso (uma colecção localizada de pus rodeada de tecido inflamado)

Parte utilizada: Látex e Flor

Preparação: O látex é aplicado sobre a pele corporal de abcesso até ficar curado.

Preparação: A flor meio seca é esmagada com alúmen sem água e transforma-a numa forma redonda *'chapati* (pão) e aquece-a em carvão quente durante 2-3 minutos e arrefece-a. Aplica-se o abscesso protuberante.

<u>**2. GATHIYU**</u>

Scientific name	: *Tridax procumbens* (L.) L.
Synonyms	: *Tridax procumbens* var. canescens (Rich. ex Pers.) DC.;
	Tridax procumbens var. ovatifolia B. L. Rob.
Family	: Asteraceae
Local Name	: Gathiyu
Common Name	: Coat Buttons & Tridax Daisy (English),
	Akal kohadi & Ghamra (Hindi)

Habit   : Herb

Descrição Botânica: Uma semana de erva de cerca de 12-24 cm de comprimento com poucas folhas de 6-8 cm de comprimento e pedúnculos solitários muito compridos com um pé ou mais de comprimento. A folha é simples, oposta, exstipulada, ovalada, aguda com dois tipos de flores, tais como as flores de raios e as flores de discos.

<u>**Uso etno-medicinal**</u>

Doença: Sangramento devido a lesão

Parte utilizada: Folhas com haste

Preparação: Aplicar a pasta (em água) de folhas e ramos sobre a pele ferida para parar a hemorragia.

<u>**3. GHAS KOBIJ**</u>

Scientific name	: *Launaea procumbens* (Roxb.) Ramayya & Rajagopal
Synonyms	: --
Family	: Asteraceae
Local Name	: Ghas Kobij
Common Name	: Jangi Gobi or Van-gobi (Hindi), Country Dandelion (English)
Habit	: Herb

Descrição Botânica: Erecto, bienal, vários caules floridos surgem da base, caule de erva foliar 60-80 cm, ramificado, folhas sésseis, ramificadas, pinnatificadas, minuciosamente dentadas, ápice agudo, margem dentada, cabeça de inflorescência, flores amarelas vivas, floretas de raios ligulados e flores de discos tubulares ambos presentes, acenes de frutos.

Uso etno-medicinal

Doença: Dor Dentária Molar

Parte utilizada: Folhas

Preparação: Deixar cair a pasta (em água) das folhas no ouvido esquerdo dos dentes molares do lado esquerdo durante 5-10 minutos e depois retirá-la. Fazer o mesmo para a dor dos dentes molares do lado direito.

4. SIMDO

Scientific name	: *Bombax ceiba* L.
Synonyms	: *Bombax aculeatum* L.,
	Salmalia malabarica (DC.) Schott & Endl,
	Bombax malabaricum DC.
Family	: Bombacaceae
Local Name	: Simdo
Common Name	: Red silk cotton tree & Indian Kapok tree (English),
	Semal (Hindi)
Habit	: Tree

Descrição Botânica: É uma grande árvore de folha caduca com caule cilíndrico rectilíneo e galhos espalhados horizontalmente em espiral. O caule jovem e os ramos são cobertos por picadas afiadas, rectas e robustas até 1,2 cm de comprimento com bases cónicas lenhosas. A casca da árvore velha é cinzenta ou castanha, coberta com pontas duras, afiadas e cónicas. As folhas grandes, espalhadas, glabras, digitadas; folhetos, lanceoladas, 3-7, inteiras. Flores vermelhas, numerosas, aparecendo, quando a árvore está descalça de caules muitos dispostos em feixes finos de 9-12 cada e um feixe interior de 15. Cápsula de fruto, deiscando por 5 válvulas de couro ou madeira; Semente lisa, preta ou cinzenta embebida em lã branca comprida.

Doença: Pimple

Parte utilizada: Pedaços de árvore velha

Preparação: Fazer a pasta espessa de espinhos de casca de árvore velha esfregando-a em leite e aplicar a pasta na borbulha do rosto durante 15 dias (diariamente - à noite).

5. ANKOL

Scientific name	: *Alangium salviifolium* (L. f.) Wangerin
Synonyms	: *Grewia salviifolia* L. f.,
	Karangolum mohillae (Tul.) Kuntze,
	Alangium latifolium Miq. ex C. B. Clarke
Family	: Alangiaceae
Local Name	: Ankol
Common Name	: Ankora (Hindi), Sage-leaved alangium (English)
Habit	: Tree

Descrição Botânica: Uma pequena árvore, com ramos mais ou menos espinhosos. Deixa 7,6-15,2 cm de comprimento, estreitamente oblonga ou oval-lanceolada, glabra. Flores - poucas em fascículos axilares. Frutos pequenos, quase globulares, vermelho-púrpura; quando maduros, coroados por um persistente pé de cálice.

Uso etno-medicinal

Doença: Para vomitar para remover o veneno

Parte utilizada: Casca do caule

Preparação: 100 gm de casca é fervida em 1 litro de água e no máximo meio copo desta água fervida é dado à pessoa que tomou veneno, depois o vómito acontece.

6. BHOY AMALI

Scientific name   : *Phyllanthus fraternus* G.L.Webster

Synonyms   : *Phyllanthus fraternus* subsp. *togoensis* Jean F. Brunel & J. P.

Roux

Descrição Botânica: É uma erva glabra anual ramificada (erva daninha), 30-60 cm de luz com ramificações de folhas esbeltas que se espalham, folhas numerosas, disticícolas, subsérteis, oblongas elípticas, obtusas, flores arredondadas de base verde amarelado ou esbranquiçadas, maxilares, machos em grupos de 1-3 fêmeas frutos solitários globulares, triloculares, até 2 mm de diâmetro, de cor verde pálido que ocorrem no axial das folhas mais restritivas para o lado inferior do caule.

Uso etno-medicinal

Doença: Jaundice

Parte utilizada: Planta inteira

Preparação: A planta inteira devidamente lavada é fervida em 1 litro de água e 1 copo desta água fervida é dado à pessoa que sofre de icterícia.

Dosagem: Diariamente de manhã, toma-se metade de um copo antes de comer e depois toma-se 1 copo de sumo de cana de açúcar após meia hora.

7. PAN FUTI

Scientific name   : *Bryophyllum pinnatum* (Lam.) Oken

Synonyms   : *Bryophyllum calycinum* Salisb.,

Bryophyllum germinans Blanco.

Family   : Crassulaceae

Local Name   : Pan Futi

Common Name   : Pattharchur (Hindi), Canterbury bells & Life plant (English)

Habit   : Herb

Descrição Botânica: Uma erva erecta, suculenta e perene que cresce cerca de 1,5m de altura e o caule é oco com quatro ângulos e geralmente ramificado. As folhas são opostas, decussivas, suculentas, carnudas, verde escuras e carnudas, que são distintamente esculpidas e aparadas em vermelho. As folhas são compostas por 3-5 folhas; as lâminas das folhas são oblongas a elípticas, com cada entalhe com um gomo adormecido competente para se tornar num vértice obtuso de planta saudável. As folhas são fornecidas com botões vegetativos enraizados. Inflorescências paniculadas terminais; as flores são muitos pêndulos em forma de sino. Os frutos são com quatro septos e numerosos, elipsóides; sementes lisas e listradas no interior.

Uso etno-medicinal

Doença: Pedra do Rim / Cálculo Renal

Parte utilizada: Folhas

Preparação: Mergulhar as folhas trituradas em água durante uma hora e utilizar esta água após filtração para Kidney Stone.

Dosagem: Diariamente de manhã um copo antes de comer durante 1 mês.

8. JAL JAMBU

Scientific name	: *Alternanthera sessilis* (L.) R. Br. ex DC.
Synonyms	: *Achyranthes linearifolia* Sw. ex Wikstr.,
	Achyranthes sessilis (L.) Besser,
	Illecebrum sessile (L.) L.,
	Paronychia sessilis (L.) Desf.
Family	: Amaranthaceae
Local Name	: Jal Jambu
Common Name	: Gudrisag (Hindi), Tangle Mat (English)
Habit	: Herb

Descrição Botânica: Uma erva ramificada perene (erva daninha) com caules prostrados, frequentemente enraizados nos nós, com 10 a 100 cm de comprimento. As folhas são obovadas, ocasionalmente lineares...

lanceolado, 1-15 cm de comprimento, 0,3-3 cm de largura, e pecíolos de 1-5 mm de comprimento. Flores dispostas em espigões sésseis; 0,7-1,5 mm de comprimento. Os frutos são utrículos de 1,8-3 mm de comprimento e 1,3-2 mm de largura. As sementes são lenticulares de 0,9-1,5 mm de comprimento e 0,8-1 mm de largura.

Uso etno-medicinal

Doença: Febre

Parte utilizada: Planta inteira

Preparação: O ramo ou planta inteira é amarrado na mão de uma criança pequena em febre.

9. ENEE

Scientific name	: *Clerodendrum phlomidis* L.f.
Synonyms	: *Clerodendrum multiflorum* (Burm. f.) Kuntze,
	Volkameria multiflora Burm. f.
Family	: Verbenaceae
Local Name	: Enee
Common Name	: Arni (Hindi), Glory Bower (English)
Habit	: Shrub

ENEE

Descrição Botânica: Um arbusto grande ou pequena árvore, de 9m de comprimento, com ramos mais ou menos pubescentes. As folhas são opostas, ovais a rombóides-ovadas, inteiras a sinuosas-crenadas & subagudas-obtusadas. Flores - branco-creme ou amarelo-pálido, densamente hirsuto; brácteas ovaladas lanceoladas. Obovóide drupa, 8-12 mm de comprimento, preto, enrugado, geralmente com 4 lóbulos; encerrado pelo cálice persistente & sementes oblongas, branco.

Uso etno-medicinal

Doença: Picada de inseto ou cobra

Parte utilizada: Folhas jovens

Preparação: Apertar as folhas jovens com a mão e esfregá-las no local da picada de insecto ou cobra.

10. KUVES

Scientific name	: *Mucuna pruriens* (L.) DC.
Synonyms	: *Carpogon capitatus* Roxb.,
	Marcanthus cochinchinense Lour.,
	Stizolobium capitatum (Roxb.) Kuntze
Family	: Leguminosae
Subfamily	: Fabaceae
Local Name	: Kuves
Common Name	: Konch (Hindi), velvet bean (English)
Habit	: Herb

Descrição Botânica: Uma erva anual de geminação, 15 m de altura. As folhas são trifoliadas, alternadas ou em espiral, cinzento-silky por baixo; os pecíolos são longos e sedosos. Os folhetos são membranosos, os folhetos terminais são mais pequenos, laterais muito desiguais no tamanho. As flores são de cor púrpura escura, branca ou lavanda (6-30), semelhantes a ervilhas mas maiores, com pétalas curvadas distintas e ocorrem em racimos inclinados. Os frutos, vagens longitudinais são curvos, com 46 sementes e cerca de 10 cm de comprimento e são densamente cobertos por tricomas persistentes castanhos-pálidos ou cinzentos. As sementes são pretas ou castanhas brilhantes, ovóides e de 12 mm de comprimento.

Uso etno-medicinal

Doença: Vermes no estômago dos bovinos

Parte utilizada: Frutas - Pods

Preparação: As Fruit Pods ou a sua casca são fervidos em água durante 3-4 horas e depois são arrefecidos. Esta água é dada ao gado.

Dosagem: Um copo por dia durante 5 dias.

<u>**11. THUVARI**</u>

Scientific name	: *Opuntia elatior* Mill.
Synonyms	: Cactus elatior (Mill.) Willd.,
	Opuntia bergeriana F. A. C. Weber ex A. Berger
Family	: Cactaceae
Subfamily	: Opuntiodae
Local Name	: Thuvari
Common Name	: Nagphani (Hindi), Slipper thorn, Prickly pear, Tuna (English)
Habit	: Shrub

Descrição Botânica: Um arbusto espinhoso com caules achatados, articulados e carnudos, até 1,5 m de altura. Deixa 3,8 mm de comprimento, cónico a partir de uma base larga. As juntas são de 30-40 cm de comprimento, largamente obovadas, pouco espessas, verde-azuladas e sem brilho. Aereolas grandes, com 4-6 furos, as maiores, muito robustas, subcutâneas, afiadas, de 2,5-3,8 cm de comprimento. Flores de 7,5 cm de diâmetro, amarelo tingido de laranja. Bagas - piriformes, truncadas, deprimidas no ápice.

<u>**Uso etno-medicinal**</u>

Doença: Para reduzir o baço

Parte utilizada: Folhas

Preparação: As folhas são aquecidas em carvão quente durante 8-10 minutos e depois de arrefecidas, são atadas no estômago com um pano de algodão, de modo a que o baço possa ser reduzido.

<u>**12. BOM**</u>

Scientific name	: *Portulaca oleracea* L.
Synonyms	: *Portulaca officinarum* Crantz,
	Portulaca neglecta Mack. & Bush,
	Portulaca latifolia Hornem.,
Family	: Portulacaceae
Local Name	: Bom
Common Name	: Kursa (Hindi), Garden Purslane (English)
Habit	: Herb

Descrição Botânica: Uma planta daninha. Os caules podem criar raízes nos nós e são de cor traiçoeira, suculenta, e avermelhada. Caulis de 10-35 cm de comprimento, nua, polpa, estendida, mais frequentemente deitada no chão ou erecta, ramificando a partir da base. Folhas - alternadas, superiores quase opostas, sésseis, cuneiformes-sobre-oval, oblongiformes, espatuladas, rombas, estreitando-se em direcção à base, polpudas. Estípulas assustadoras, reduzidas frequentemente a sedas de tamanho pequeno. Flores - simples ou 2-3 em fascículos, sentadas em bifurcações de uma caulis ou em seios de folhas. O fruto é cápsula, ovóide ou arredondada, unilocular, loculicida. As sementes são numerosas, reniformes, castanhas-escuras, obtusituberculadas, brilhantes.

<u>**Uso etno-medicinal**</u>

Doença: Problema de indigestão na criança

Parte utilizada: Folhas e Haste

Preparação: As folhas e o caule macio são esmagados em pasta com água e aquecem-no num recipiente e, após arrefecimento, é amarrado ao estômago com um pano de algodão.

<u>**13. ZARAKLI**</u>

Scientific name	: *Amaranthus spinosus* L.
Synonyms	: --
Family	: Amaranthaceae
Local Name	: Zarakli
Common Name	: Kanata bhajii, Kanta chaulai (Hindi), Prickly amaranth, Needle burr, Spiny amaranth, Thorny amaranth (English)
Habit	: Herb

Descrição Botânica: O Amaranto picarpo é uma erva anual com caules erectos por vezes tingidos de vermelho, por vezes ascendentes, com 30-150 cm de comprimento, geralmente ramificados. Deixa folhas ovais a rômbicas-ovadas, elípticas, lanceoladas-oblongas, ou lanceoladas, lâminas de 1-12 cm de comprimento, 0,89-6 cm de largura, lisas, talo esquerdino de 1-9 cm de comprimento. Flores verdes, em cachos axilares na parte inferior da planta e em espigões não ramificados ou ramificados na parte superior, os cachos inferiores inteiramente sem estames como são as flores inferiores dos espigões, as flores superiores dos espigões estampam.

<u>**Uso etno-medicinal**</u>

Doença: Para remover pus do abcesso ou borbulha

Parte utilizada: Folhas

Preparação: O óleo é aplicado em Folhas, depois é aquecido em carvão quente durante 1-2 minutos e depois as folhas são mantidas em borbulha ou qualquer abcesso durante uma hora para remover o pus.

<u>**14. AAMBO**</u>

Scientific name	: *Mangifera indica* L.
Synonyms	: *Mangifera austroyunnanensis* Hu
Family	: Anacardiaceae
Local Name	: Aambo
Common Name	: Aam (Hindi), Mango (English)
Habit	: Tree

Descrição Botânica: As árvores jovens têm uma copa larga e arredondada e um tronco curto, enquanto as árvores mais velhas têm uma copa esguia e oval e um tronco alto. A casca é castanha com numerosas pequenas fissuras. As folhas têm margens onduladas, veias paralelas pinadas, sem pêlos, coriáceas, alternadas e de forma oblonga-lanceolada. As flores numerosas, pequenas e de cor drapeada estão em panículas erectas, felpudas, de haste vermelha nas pontas dos ramos.

<u>**Uso etno-medicinal**</u>

Parte utilizada: Haste, Folhas e Látex

Doença: Haste: Movimento solto

Preparação: O jovem caule grosso é descascado e 25 gm de casca é tirado e esmagado com água e perfaz-se até 1 chávena. É tirado em movimento solto.

Doença: Folhas: Para problema de voz

Preparação: As folhas jovens são mastigadas quando a voz se perde durante algum tempo devido a mais conversa ou gritos.

Doença: Látex: Dor Molar Dentária:

Preparação: O látex do tronco é mantido sobre os dentes molares, dá alívio à dor.

15. UMBER

Scientific name	: *Ficus racemosa* L.
Synonyms	: *Covellia glomerata* (Roxb.) Miq.,
	Ficus glomerata Roxb.,
	Ficus lanceolata Buch.-Ham. ex Roxb.,
Family	: Moraceae
Local Name	: Umber
Common Name	: Udumbara, Gular (Hindi), Cluster Fig (English)
Habit	: Tree

Descrição Botânica: Uma grande árvore de folha caduca com poucas e curtas raízes aéreas. Folhas - Estípulas brevemente peludas, semi-persistentes, permanecendo presas ao galho depois de cada folha se expandir. Os pecíolos e galhos produzem um exsudado leitoso. Flores - Um figo, grosso, macio, vermelho arroxeado quando maduro, Tepais glabrosos, lobados ou lacinados-denticados nas flores femininas, inteiros no macho. Flores masculinas produzidas à volta do óstiole. Brácteas - 3, na base do figo, persistentes em frutos maduros. Fruto - Um aceno, lenticular;

pedunculado, globular ou piriforme deprimido; os recipientes de frutos têm 2-5 cm de diâmetro, em grandes cachos, provenientes do tronco principal ou de grandes ramos.

Uso etno-medicinal

Doença: Para o calcanhar de rachar

Parte utilizada: Folhas & Fruta

Preparação: O látex do caule é preenchido nas fendas do calcanhar durante 10-15 dias. Cura o calcanhar das fissuras.

Doença: Inchaço do estômago

Preparação: A porção interior da fruta é consumida com arroz cozido para o inchaço do estômago.

<u>**16. RATANZHAAD**</u>

Scientific name	: *Jatropha gossypiifolia* L.
Synonyms	: *Adenoropium gossypiifolium* (L.) Pohl,
	Jatropha elegans Kl.,
	Manihot gossypiifolia (L.) Crantz
Family	: Euphorbiaceae
Local Name	: Ratanjhaad
Common Name	: Ratanjot, Lal Bheranda, Laljeol (Hindi),
	belly-ache bush & Red physic nut (English)
Habit	: Shrub

Descrição Botânica: É um arbusto perene que atinge 3 m de altura com caules arroxeados. As folhas são lóbulos palatinos, alternados; margens das folhas, pecíolos e estípulas cobertos de pêlos glandulares e são apresentados com matizes vermelhos a púrpura, Infloresceno

corymb. Flores pequenas, 5 unissexuais, monóicas, de cor castanha profunda com centros amarelos. Fruta trilobada e verde.

<u>**Uso etno-medicinal**</u>

Doença: Dor Dentária Molar

Parte utilizada: Latex

Preparação: Tomar látex de planta e colocá-lo nos dentes molares e deixar a saliva cair da boca aberta durante 20-25 minutos.

17. DHATURO

Scientific name	: *Datura metel* L.
Synonyms	: *Brugmansia waymanii* Paxton,
	Datura aegyptiaca Vis.,
	Datura alba F. Muell.
Family	: Solanaceae
Local Name	: Dhaturo
Common Name	: (Hindi), Thorn-apple, Devil trumpet (English)
Habit	: Shrub

Descrição Botânica: Uma anual grosseira, arbustiva, de 0,9-1,2 m de altura. Folhas - 15-20 cm de comprimento, ovais, agudas, inteiras ou com poucos dentes ou lóbulos grandes. Flores solitárias, cálice 7,5 cm de comprimento, tubular, corola cerca do dobro do comprimento do cálice, tubular, largo na boca, roxo ou branco, frequentemente duplo. Cápsulas subglobosas, com a cabeça a abanar, cobertas por todo o lado com numerosas pontas de espinhos, rectas e afiadas.

Uso etno-medicinal

Doença: Para aumentar a capacidade de gravidez em animais

Parte utilizada: Fruta

Preparação: A fruta jovem é dada com a forragem no domingo.

18. PAPAIYU

Scientific name	: *Carica papaya* L.
Synonyms	: *Carica citriformis* J.Jacq. ex Spreng.,
	Carica mamaya Vell.
Family	: Caricaceae
Local Name	: Papaiyu
Common Name	: Papita (Hindi), Papaya, Paw Paw, Kates (English)
Habit	: Tree

Descrição Botânica: Uma planta grande, em forma de árvore, com um único caule que cresce de 5 a 10 m (16 a 33 pés) de altura, com folhas dispostas em espiral, confinadas à parte superior do tronco. As folhas são grandes, profundamente lóbulos palatinos, com sete lóbulos. A árvore é geralmente não ramificada, a menos que seja podada. As flores aparecem nas axilas das folhas, amadurecendo em grandes frutos. O fruto está maduro quando se sente macio e a sua pele atingiu uma tonalidade de âmbar a laranja.

Uso etno-medicinal

Doença: Pedra do rim

Parte utilizada: Raízes

Preparação: As raízes são esfregadas lentamente na superfície rugosa da pedra com 1-2 gotas de água até 5 ml. Em seguida, misturar com 250 ml de água e depois filtrá-la. Esta água é tomada durante 1 mês.

19. JAMBU

Scientific name	: *Syzygium cumini* (L.) Skeels
Synonyms	: *Calyptranthes caryophyllifolia* Willd.,
	Eugenia cumini (L.) Druce,
Family	: Myrtaceae
Local Name	: Jambu
Common Name	: Jamun (Hindi), Java plum (English)
Habit	: Tree

Descrição Botânica: Uma grande árvore sempre-verde e densamente foliácea com casca espessa, castanha-acinzentada, esfoliante em escamas lenhosas As folhas são coriáceas, oblongo-ovadas a elípticas ou obovadas-elípticas. As panículas são suportadas principalmente pelos ramos abaixo das folhas, sendo muitas vezes axilares ou terminais. As flores são perfumadas, brancas-esverdeadas, em cachos, cymes dicotómicos paniculados.

<u>**Uso etno-medicinal**</u>

Doença: Haste: Para parar os períodos na mulher

Parte utilizada: Casca

Preparação: A casca da árvore velha é triturada e levada com água na mesma proporção e ferve-se até permanecer 25% da solução completa. Tomar 2 ml até que os períodos parem.

<u>**20. AAMBLI**</u>

Scientific name	: *Tamarindus indica* L.
Synonyms	: *Tamarindus occidentalis* Gaertn.,
	Tamarindus officinalis Hook.,
	Tamarindus umbrosa Salisb.
Family	: Fabaceae
Local Name	: Aambli
Common Name	: Imli (Hindi), Tamarind (English)
Habit	: Tree

Descrição Botânica: Uma grande árvore sempre-verde até 30 m de altura, coroa densa. Folhas alternadas, compostas, com 10-18 pares de cúspides opostas; cúspides estreitamente oblongas, margem inteira, franjada com pêlos finos. Estípulas presentes, caindo muito cedo. Flores atraentes amarelo pálido ou rosado, em pequenos espigões frouxos. Fruta uma vagem, indeiscente, subcilíndrica, recta ou curva, aveludada, castanha enferrujada; a casca da vagem é quebradiça e as sementes estão incorporadas numa polpa comestível pegajosa. Sementes de forma 3-10irregular, testa dura, brilhante e lisa.

Uso etno-medicinal

Doença: Abscesso

Parte utilizada: Casca

Preparação: A casca da árvore velha é mergulhada em água durante 5 minutos. Depois é esfregada na pedra com um pouco de água e feita pasta com a quantidade obtida e aplicada sobre o abcesso.

21. AAMBA HALDAR

Scientific name	: *Curcuma amada* Roxb.
Synonyms	: *Curcuma amada* var. glabra Velay., Unnikr., Asha & Maya
Family	: Zingiberaceae
Local Name	: Aamba Haldar
Common Name	: Aam-haldi (Hindi), mango ginger (English)
Habit	: Herb

Descrição Botânica: Caules sem folhas ou sem folhas com terminal, cone como espigões com brácteas dispostas em espiral; as brácteas inferiores são compostas a meio dos seus lados, largas, verdes, frequentemente tingidas de vermelho ou púrpura e formando bolsas que envolvem 2-7 flores; as brácteas superiores (em coma) são estéreis e de cor brilhante; cálice sinépalo, dividido num lado, com 2 ou 3 dentes; funil de corola; 4 estaminóides de pétalas, dos quais 2 são laterais e 2 fundidos num lábio grande (labelo); 1 estame fértil largo; estilo inserido entre lóculos de antera.

Uso etno-medicinal

Doença: Lesão interna

Parte utilizada: Rizoma

Preparação: O rizoma esmagado e o alúmen é misturado com água e é fervido e depois aplicado nas partes feridas do corpo.

22. BIJORU

Scientific name	: *Citrus medica* L.
Synonyms	: *Aurantium medicum* (L.) M. Gómez,
	Citrus alata (Tanaka) Yu.Tanaka,
	Citrus bicolor Poit. & Turpin
Family	: Rutaceae
Local Name	: Bijoru
Common Name	: Bijora nimbu (Hindi), Lime, Citron (English)
Habit	: Shrub

Descrição Botânica: Um grande fruto semelhante a um limoeiro, produzido por um arbusto de crescimento lento ou pequena árvore que atinge 8-15 pés de altura, com ramos rígidos e galhos rígidos e espinhos curtos ou longos nas axilas foliares. Os folíolos são sempre verdes, com aroma de limão, oval-lanceolados ou elípticos, coriáceos, com pecíolos curtos, sem asas ou quase sem asas. Os botões das flores são grandes e brancos ou por vezes arroxeados. As flores perfumadas estão em grupos curtos, por vezes rosadas ou arroxeadas no exterior. Os frutos são perfumados, oblongos, obovóides ou ovais, piriformes, altamente variáveis; várias formas e frutos lisos ou ásperos que ocorrem por vezes no mesmo ramo.

Uso etno-medicinal

Doença: Pedra do rim

Parte utilizada: Frutos

Preparação: A fruta é comida em pedra de rim.

<u>**23. BHUTENGRI**</u>

Scientific name	: *Solanum surattense* Burm. f.
Synonyms	: *Solanum jacquini* Willd.
Family	: Solanaceae
Local Name	: Bhutengari
Common Name	: Bhat-kataiya & Rengni (Hindi),
	Prickly Nightshade, Prickly Brinjal (English)
Habit	: Herb

Descrição Botânica: Ervas difusas ramificadas, caules peludos glandulares; picadas de 2 cm de comprimento, espinhosas, gradualmente ou não alargadas em direcção à base, presentes em todas as partes excepto bagas. Folhas de 13 x 10 cm, listradas, membranosas; pecíolos de 8 cm de comprimento. Pedúnculo ausente. Flores 2-4 juntas, axilar; pedicelo de 2 cm de comprimento, robusto; corola de 18 mm de diâmetro, pouco hispídeo. Baga com 25 mm de diâmetro, avermelhada, lisa; sementes planas, não perfuradas.

<u>Uso etno-medicinal</u>

Doença: Dor nos dentes de Moalr

Parte utilizada: Fruta

Preparação: A fruta é cortada em duas metades (secção longitudinal), e metade do comprimento do bambu (diâmetro de 1 cm) é também cortada em secção longitudinal, depois a fruta é colocada em porção cortada de bambu e o prato cheio de água é levado com uma lâmpada de barro a arder. O Complexo de Bamoo-Fruit é colocado sobre a lâmpada de barro a arder e o vapor que sai através da fruta é levado para a boca aberta no local da dor dos dentes molares.

<u>24. ANDURI</u>

Scientific name	: *Annona squamosa* L.
Synonyms	: *Annona asiatica* L., *Xylopia glabra* L.
Family	: Annonaceae

Local Name	: Anduri
Common Name	: Sitafal (Hindi), Custard apple (English)
Habit	: Tree

Descrição Botânica: A árvore cresce a uma altura de 3-6 m com a copa aberta de ramos irregulares. As folhas são decíduas dispostas em pequenos petíolos peludos, oblongos e rombos com pontas de cerca de 2-6 cm de comprimento e 2-5 cm de largura. As folhas do lado superior são verde baço, pálidas com uma floração por baixo e pouco peludas e aromáticas quando frescas. O fruto é redondo ou oval de 6-10 cm de comprimento e composto de casca grossa com segmentos de botão que é verde pálido, verde azulado ou verde acinzentado externamente; branco cremoso perfumado, suculento, doce e carnoso internamente com número de sementes.

Uso etno-medicinal

Doença: Abscesso:

Parte utilizada: Casca

Preparação: A casca é esfregada na pedra com um pouco de água e feita pasta com a quantidade obtida e aplicada sobre o abcesso.

25. TULSI

Scientific name	: *Ocimum tenuiflorum* L.
Synonyms	: *Ocimum sanctum* L.
Family	: Lamiaceae
Local Name	: Tulsi
Common Name	: Tulsi (Hindi), Holy Basil (English)
Habit	: Herb

Descrição Botânica: Um sub-bolha erecto, muito ramificado, de 30-60cm de altura, com folhas simples verdes ou roxas opostas, fortemente perfumadas e com caules peludos. As folhas têm pecíolo e são privadas, até 5cm de comprimento, geralmente um pouco dentadas. As flores são arroxeadas em racimos alongados, em espiral apertada.

Uso etno-medicinal

Doença: Danos na pele causados por picada de insecto

Parte utilizada: Folhas

Preparação: As folhas são esfregadas na pele no local da picada de insecto.

26. CHANOTHI

Scientific name	: *Abrus precatorius* L.
Synonyms	: *Abrus abrus* (L.) Wright, *Abrus minor* Desv.
	Abrus maculatus Noronha
Family	: Fabaceae
Local Name	: Chanothi
Common Name	: Jangi Gobi or Van-gobi (Hindi),
	Rosary pea, crab's eyes (English)
Habit	: Climber

Descrição Botânica: Trepadeira, trepadeira ou trepadeira com ramos finos herbáceos. Folhas alternadas, pecíceis, de 5-13 cm (2-5 pol.) de comprimento, compostas de 5-15 pares de folíolos, estes ovais a oblongos, com 1,8 cm (< 1 pol.) de comprimento, com margens inteiras. Flores em forma de flor de ervilha, brancas a rosadas ou avermelhadas, pequenas, em cachos densos de curta duração nas axilas foliares. Frutifica uma vagem curta e oblonga, rachando antes de cair para revelar 3-8 sementes duras brilhantes, 6-7 mm (< 1 pol.) de comprimento, escarlate com bases negras.

Uso etno-medicinal

Doença: Úlcera Bucal

Parte utilizada: Folhas

Preparação: 4-5 folhas jovens são mastigadas durante 3 dias.

<u>**27. LIMDO**</u>

Scientific name	: *Azadirachta indica* A. Juss.
Synonyms	: *Antelaea canescens* Cels ex Heynh.
Family	: Meliaceae
Local Name	: Limdo
Common Name	: Neem (Hindi), Indian lilac, margosa (English)
Habit	: Tree

Descrição Botânica: Uma grande árvore. Deixa 20-30 cm de comprimento, apinhada perto das extremidades dos ramos, pinada. Folhetos 10-12, serrilhados. Flores brancas, perfumadas. Anteras

6. Ovário 3-células. Drupes ovoid-oblong, liso, amarelo quando maduro. Uma grande árvore glabra e sempre-verde, vermelha de cerne, dura. Folhetos 7-9 pares, muitas vezes alternados, obliquamente falcados-lanceolados, serrilhados, o estranho que muitas vezes falta. Flores brancas, fortemente perfumadas a mel, pentamerosas, em panículas axilares mais curtas do que a folha. Tubo estaminal 10-dentado, anteras inseridas no interior do tubo oposto aos seus dentes. Drupa do tamanho de uma azeitona, amarela, depois roxa, cartilaginosa, 1-celular, 1 semente, cotilédones plano-convexo, carnuda, entalhada na base.

<u>**Uso etno-medicinal**</u>

Doença: Abscesso

Parte utilizada: Casca

Preparação: A casca é esfregada na pedra com um pouco de água e feita pasta com a quantidade obtida e aplicada sobre o abcesso.

<u>**28. TAMAAKU**</u>

Scientific name	: *Nicotiana tabacum* L.
Synonyms	: *Nicotiana pavoni* Dunal
Family	: Solanaceae
Local Name	: Tamaaku

Common Name   : Jangi Gobi or Van-gobi (Hindi), Country Dandelion (English)

Habit   : Herb

Descrição Botânica:

<u>**Uso etno-medicinal**</u>

Doença: Mordedura de cobra

Parte utilizada: Folhas

Preparação: As folhas de tabaco e Neem são esmagadas separadamente para fazer pasta. As pastas de 1 chávena de ambas as plantas são misturadas com 1cup 'ghee' e dadas ao paciente.

29. KHAKHAR

Scientific name   : *Butea monosperma*

Synonyms   : *Butea braamania* DC.,

    Butea frondosa Roxb.

Family   : Papilionaceae

Local Name   : Khakhar

Common Name   : Palas, Dhaak (Hindi), flame of forest (English)

Habit   : Tree

Descrição Botânica: Árvore erecta de tamanho médio, de porte seco, que cresce até 15 m de altura. As folhas são pinadas, com um pecíolo de 8-16 cm e três folhas grandes e estipuladas, cada folha com 10-20 cm de comprimento. As flores têm 2,5 cm de comprimento, vermelho-laranja direito, e são produzidas em racemes com até 15 cm de comprimento. O fruto é uma vagem de 15-20 cm de comprimento e 4-5 cm de largura.

<u>**Uso etno-medicinal**</u>

Doença: Alergia cutânea devido ao Verão

Parte utilizada: Folhas

Preparação: As flores são fervidas em água. A água é levada para o banho.

30. VAD

Scientific name	: *Ficus benghalensis* L.
Synonyms	: *Ficus banyana* Oken, *Ficus cotoneifolia* Vahl
Family	: Moraceae
Local Name	: Vad
Common Name	: Bargad (Hindi), Bargad (English)
Habit	: Tree

Descrição Botânica: Banyan de grande difusão com raízes aéreas copiosas. Folhas largamente ovais, obtuso, o cordate base; lâmina de 10-30 cm de comprimento, 7-20 cm de largura, muito coriácea, puberulosa por baixo; veias laterais 5-7 pares, o par basal proeminente, atingindo 1/3 do comprimento da lâmina; pecíolo 1,5-7 cm de comprimento, 5 mm de largura, puberulosa; estípulas espessas, 1-1,5 cm de comprimento e largura, 2 puberulosas. Figos emparelhados, sésseis, puberlares, deprimidos-globulares, 1,5-2 cm de diâmetro, amadurecendo de laranja a vermelho; pecíolo amplamente unbonato, encerrado por 3 brácteas apicais planas; brácteas basais 3, foliáceas, obtusas, 3-7 mm de comprimento, 10-15 mm de largura, puberulosas. Pedicelate de flores masculinas; tepais 2 ou 3. Flores femininas sésseis; tépalas 3 ou 4. Pedicelate de flores Gall; tépalos 3 ou 4.

Uso etno-medicinal

Doença: Vermes no estômago dos bovinos

Parte utilizada: Raízes Aéreas

Preparação: As Raízes Aéreas são dadas com a forragem.

CAPÍTULO 5

RESUMO E CONCLUSÃO

O presente estudo teve como objectivo documentar a informação etno botânica dos detentores de conhecimentos tradicionais de Dhanpur Taluka, distrito de Dahod de Gujarat.

Muito primeiro trabalho de investigação, livros e mapas foram revistos e com base neles foi preparado um questionário para documentação sistemática dos conhecimentos tradicionais. Depois disso, foram efectuadas frequentes visitas de campo para desenvolver contactos e para descobrir os detentores de conhecimentos tradicionais.

Um total de 16 Bhagats (detentor de conhecimentos tradicionais) foram identificados e entrevistados adequadamente. E foi também obtido o consentimento prévio informado de todos os detentores de conhecimentos tradicionais. Os dados foram recolhidos e analisados.

- Foi observado que o género também desempenha um papel importante na documentação etnobotânica. As mulheres tribais são muito tímidas e não interagem, pelo que é difícil obter informação delas. Durante este inquérito, apenas 3 praticantes do sexo feminino forneceram a informação.
- As pessoas idosas têm mais conhecimentos do que as gerações mais jovens
- Foram registadas 30 plantas por terem valores medicinais, utilizadas pelo povo de dhanpur taluka.
- Estas plantas pertencem a 29 géneros e 21 famílias.
- Estão a utilizar 9 diferentes partes de plantas para curar doenças.
- Durante o inquérito, foram registados tratamentos para várias 30 doenças. Isto inclui principalmente para doenças humanas e poucas foram relatadas para doenças animais.

Conclusão:

Os povos tribais possuem conhecimentos muito sólidos sobre plantas. Mas todo o conhecimento ainda não está devidamente documentado. Por isso, é muito necessário documentar adequadamente este conhecimento. Para além disto, não há nenhuma autenticação científica por detrás de toda esta informação. Assim, abre também novos caminhos para uma investigação clínica adicional sobre práticas herbáceas documentadas.

PLACA FOTOGRAFIA

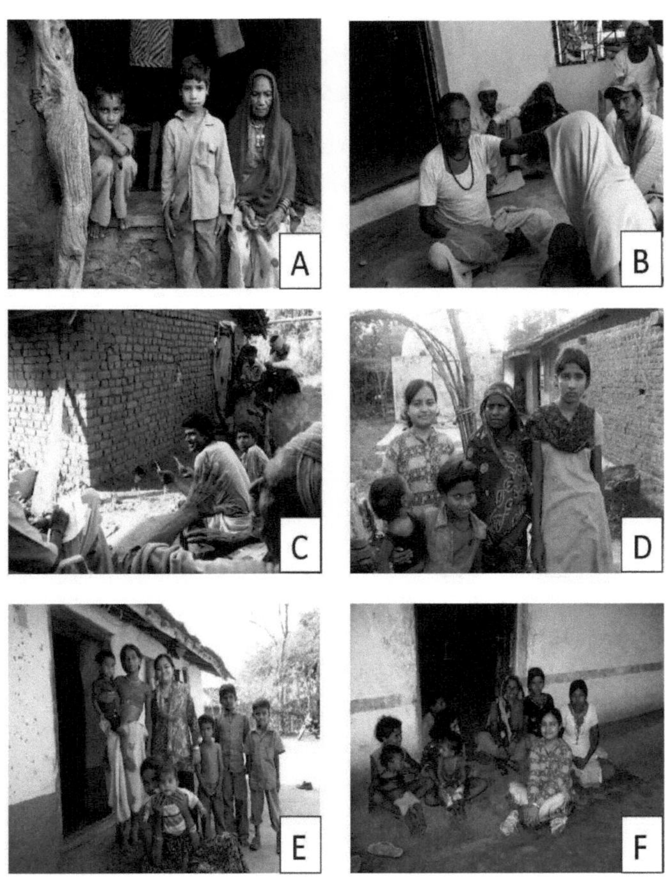

Foto A-F: Encontro e entrevista com a população local de Dahod

BIBLIOGRAFIA

❖ Agarwal, A e Narain S, 1997. State od India's Environment. Um Relatório do Cidadão: Dying Wisdom, Center for Science and Environment, Nova Deli, pp:401.

❖ Alcorn, J.B. 1984. *Huastec Mayan Ethnobotany.university* of texas press texas. An Ethnobotanical Survey Of Herbal Drugs Of Kaski District, Nepal. Manandhar,Np: Fitoterapia 65 1: 7-13 (1994) (Natl Herbarium Plant Lab Lalipur Nepal)

❖ Aravind. G, Debjit Bhowmik, Duraivel. S., Harish. G. (2013); Usos Tradicionais e Medicinais da papaia Carica. Journal of Medicinal Plants Studies. 1(1): 715.

❖ Balik m j cox P.A.R (1996) .Plant povo e cultura. A ciência da etnobotânica. Biblioteca Científica Americana, Nova Iorque, EEUU. 219p

❖ Bennett, B. C., 2011. Etnobotânica e Botânica Económica: Temas em Busca de Definições, Botânica Económica. EOLSS.

❖ Bharathy V., B. Maria Sumathy e F. Uthayakumari, (2012). Determinação de Fitocomponentes por GC - MS In Leaves of Jatropha Gossypifolia L., Science Research Reporter 2(3):286-290.

❖ Biradar K., Khavane K., Payghan S., Setty R. S. (2010), Evaluation of Diuretic Activity of Phyllanthus fraternusWeb Arial Parts On Albino Rats; Intern. Journ. de Pharma. & Bio. Arch.; 1(4): 389-392.

❖ Breve Perfil Industrial do Distrito de Dahod. Governo da Índia, Ministério da MSME, www.msmediahmedabad.gov.in

❖ Chan, K. (2003). Alguns aspectos de contaminantes tóxicos em medicamentos à base de plantas. *Chemosphere, 52*(9), 1361-1371

❖ Choudhary K., M. Singh e U. Pillai, 2008. Ethnobotanical Survey of Rajasthan - An Update. American-Eurasian Journal of Botany, 1 (2): 38-45.

❖ Relatório detalhado do projecto. IWMP-4 (Zari Khurd - Dahod) (2009-10). Departamento de Florestas, Devgadh Baria, Unidade Distrital de Desenvolvimento da Bacia Hidrográfica, Dahod.

❖ E. De Caluwe, K. Halamova, P. Van Damme (2010). Tamarindus indica L. - A review of traditional uses, phytochemistry and pharmacologyAfrica Focus, 23(1): 53-83.

❖ Etnomedicobotânica do distrito de Uttarkannada em Karnatka, Índia - plantas em tratamento de doenças de pele, *Journal of Ethnopharmacology,* 84, 37-40.

❖ Faulks, P. J. 1958. *An Introduction to Ethnobotany*. Moredale, Londres.

❖ Gavali, D. e Sharma D., 2003. Traditional knowledge and biodiversity conservation in Gujarat, *Indian Journal of Traditional knowledge,* 3:51-58.

❖ Gopalkrishnan B. e Shimpi S. N (2012). Estudos farmacognosticos sobre casca de caule de Madhuca longifolia (Koen.) Macbr. var. latifolia (Roxb.) A. Cheval. ; Ind. Journ. Natur. Prod. Res. 3(2), 232-236.

❖ Harsha, V.H. Hebbar, S.S. Hegde, G.R. e Sripathi, V. (2001). Plantas dos medicamentos tradicionais utilizados pelas comunidades Kunabi do Distrito de Uttarakhand de Karnataka. *Abstracto Nat. con. sobre sus. Uti. of Bio Res.* p. 36.

❖ Harsha, V.H. Hebbar, S.S. Shripathi, V.and Hedge, G.R., (2003).

❖ HOOOKER 1904. Uma flora de esboços da Índia Britânica, Londres.

❖ Jain & Rao (Ed.) 1983. *An Assessment of Threatened Plants of India,* Botanical Survey of India, Calcutá.

❖ Jain, S K, 2003. Credibilidade do conhecimento tradicional - O critério de utilização multilocacional e multiétnico, *Indian Journal of Traditional Knowledge*, 3(2):137-153.

❖ Jain, S. K. & Mudgal, V. (1999). Um livro de mão de Etnobotânica.

❖ Jain, S. K. & Srivastava, S. 2000. Literatura etnobotânica indiana nas últimas duas décadas - Uma revisão gráfica e orientações futuras. *Etnobotânica.*

❖ Jain, S.K. 1989.Ethnobotany: an interdisciplinary science for holistric approach to man plant relationship.in S.K Jain(Ed) 9-12.

❖ Jardin, Cl. 1967 Lista de alimentos utilizados em África. FAO, Roma. 320 p.

❖ Kavitha C. e Thangamani C. (2014), Amazing bean "Mucuna pruriens": Uma revisão exaustiva, J. Med. Plants Res., 8(2): 138-143.

❖ Medsger, O.P. 1939. Plantas selvagens comestíveis. MacMillan, Nova Iorque. 323 pp

❖ Memane H. E., 2012. Pesquisa Etnobotânica de Plantas Medicinais Folclóricas Utilizadas para Mutrashmari (Renal Calculi) na Região de Belgaum. Dissertação M.D.; Universidade K. L. E., Belgaum.

❖ Modhvadia A. R., 2009. A Contribution to Ethnobotany of MehsanaDistrict, Gujarat do Norte. Tese de Doutoramento, Universidade de Saurashtra.

❖ Nazeruddin G. M., Pingale S. S. e Shaikh S. S. (2011). Revisão farmacológica de Tridax procumbens L., Der Pharmacia Sinica, 2(4):172-175.

❖ Projecto Cebola para Dahod, (2010-11). Produção e Comercialização de Cebola para Aumento do Rendimento dos Agricultores Tribais, Gujarat Rural Institute for Socioeconomic Reconstruction.

❖ Pandey R., (2012). Anthelmintic activity of Alangium salviifolium bark, J. Nat. Prod. Plant

Resour., 2 (6):717-720.

❖ Patel P. K., Prajapati N. K. e Dubey B. K. (2012). Madhuca indica: A Review of Its Medicinal Property. Int. Jour. Pharmaceut. Sci. Res. 3(5): 12851293.

❖ Pattewar S. V. (2012), Kalanchoe pinnata: Perfil Fitoquímico e Farmacológico, Interno. Jour. Phytopharm. 2 (1):1-8.

❖ Porsild A E, 1937. Raízes e bagas comestíveis do norte do Canadá. Museu Nacional do Canadá, e Departamento de Minas e Recursos do Canadá, Ottawa.

❖ Porterfield, W. (1951). Os principais alimentos vegetais chineses e plantas alimentares dos mercados de Chinatown. Botânica económica, 5(1), 3-37.

❖ R.I.(Ed). A Natureza e o Estatuto da Etnobotânica. *Papel antropológico* n°. 67. pp.33-49. Museu de Antropologia. Universidade de Michigan, EUA.

❖ Rajendra K.C. (2008), Uma breve introdução à Semal (Bombax ceibaLinn). Universidade Georg-August, Goettingen, Alemanha.

❖ Rao, R.R. (1990). Estudos etnobotânicos sobre algumas tribos Adivasi de Nagaland, no Norte da Índia. 215-230 em S.K. Jain (Ed.): Contribuição para a Etnobotânica indiana. Publicações científicas, Jodhpur.

❖ Saxena, H.O. (1986). Observações sobre a Etnobotânica de Madhya Pradesh. Bull. Bot. Surv. India. 28: 149-156.

❖ Schaltes, R. E. 1986. A razão para a conservação etnobotânica. Bull . bot...sobrevive. Índia.28:203-224

❖ Schultes, R. E. 1962. O papel do etnobotanista na procura de novas plantas medicinais. Lioydia 25:257-266.

❖ Sharma, Reino Unido, & Pegu, S. (2011). Etnobotânica das crenças religiosas e sobrenaturais das tribos Mising de Assam com especial referência ao 'Dobur Uie'.Journal of ethnobiology and ethnomedicine, 7(16), 1-13.

❖ Shrivastava, J. L. Tiwari, K. P. e Sharma, R. (1999), Medicinal Plants of Madhya Pradesh: Necessidade de Conservação Imediata. J. Trop. For. 15: 144-151.

❖ Singh, G.S. e K.G. Saxena, 1998. Bosques sagrados na paisagem rural: um estudo de caso da aldeia de Shekhala em Rajasthan. Em Conserving the Sacred for Biodiversity Management, Eds. Ramakrishnan, P.S., Saxena, K. G. e U.M. Chandrashekara, Science Publishers, New Hampshire/Oxford e IBH, Nova Deli, pp: 153-161

❖ Singh, H.S. e Rana V. J., 1995. Plano de gestão do Parque Nacional de Blackbuck Velavedar, Departamento Florestal de Gujarat, Gandhinagar, pp:140.

❖ Singh, V. e R.P. Pandey. 1982. Plantas produtoras de fibra de Rajasthan. J. Econ. Tax. Bot., 3:

385-390

❖ Stephen, A. (2012). Syzygium cumini (L.) Skeels: Uma árvore polivalente, os seus usos fitoterápicos e farmacológicos. Journal of Phytotherapy and Pharmacology. 1,(4), 22-32.

❖ Umadevi, A. J., Parabia M. H. e Reddy M. N. 1989. Plantas medicinais de Gujarat: A survey, *Proceedings of all India Symposium on the 'Biology and Utility of Wild Plants'*, Departamento de Biociências, Universidade do Sul de Gujarat, Surat.

❖ Veilleux C. E Rei S. R., 1996. Uma Introdução à Etnobotânica. L. Morgnstein (editor)

WEBLINKS

-I- http://www.treknature.com/gallery/Asia/India/photo140028.htm

-I- http://medplants.blogspot.in/search/label/Alangium%20salviifolium

-I- http://www.flowersofindia.net/catalog/slides/Gulf%20Leaf-Flower.html

4- USDA (sem data) *Alternanthera sessilis.* Plants profile. http://plants.usda.gov/java/prof ile?symbol=ALSE4

-I- http://opendata.keystone-foundation.org/alternanthera-sessilis-l-r-br-ex-dc

-I- http://www.flowersofmdia.net/catalog/slides/Arni.html

-I- http://pharmaveda.com/kb/Agnimanth.html

-I- http://www.mpbd.info/plants/opuntia-elator.php

4- http://www.agroatlas.ru/en/content/weeds/Portulaca_oleracea/

-I- http://www.fireflyforest.com/flowers/2190/portulaca-oleracea-little-hogweed/

-I- http://www.flowersofindia.net/catalog/slides/Prickly%20Amaranth.html

-I- http://wildlifeofhawaii.com/flowers/1199/mangifera-indica-mango/

-I- http://opendata.keystone-foundation.org/ficus-racemosa-l

-I- http://keys.trin.org.au/key-server/data/0e0f0504-0103-430d-8004-060d07080d04/media/Html/taxon/Ficus_racemosa.htm

-I- http://www.mpbd.info/plants/datura-metel.php

-I- http://www.mpbd.info/plants/jatropha-gossypifolia.php

4- http://www.iccs.edu/fmed/index.php?option=com_content&view=article&cust ompage=1 &id=239&type=taluka&province=background

4- http://envis.frlht.org/trade_search.php?lst_part=ROOT&lst_trade=AMBA+H ALDI

4- http://idtools.org/id/cutflowers/key/Cut_Flower_Exports_of_Africa/Medi a/Ht ml/Fact_sheets/Curcuma.htm

-I- http://ethnobotanybd.com/index.php? action=Ethnobotany

<u>Anexo: 1</u>

QUESTIONÁRIO PARA DOCUMENTAÇÃO DAS PLANTAS ETNOMEDICINAIS

PARTE - I Informação sobre os detentores de conhecimentos tradicionais

Nome:_______________

Idade: Género:

Educação: Ocupação:

Endereço: Aldeia: Distrito:

PARTE - II Conhecimentos Tradicionais

Nome da planta:____________

Habitat vegetal: ___________

Parte de planta utilizada: _______

Método de Preparação:

Doença: _____________

Sintomas de doenças:

Nome do coleccionador: Especialidade: Assinatura

data

Anexo 2 - Formulário de Consentimento

UTILIZAÇÃO DE MEDICINA FOLCLÓRICA E SUA DISPONIBILIDADE EM REGIÃO DO DISTRITO DE DAHOD:

I .... (NOME) FICANDO EM

....(LUGAR)

COMPREENDERAM A INFORMAÇÃO DADA PELA

PESQUISADOR EM DATA...............

POR ISSO AQUI ESTOU EU A DAR AS MINHAS INFORMAÇÕES E ESTAS SÃO

CONHECIDO PELO MEU CONHECIMENTO.

SIGANATURE OF RESEARCHER:

SINAL/IMPRESSÃO DIGITAL DO
FOLCLORE

TESTEMUNHO

1 .

2 .

Anexo 3: Lista de detentores de conhecimentos tradicionais

NO.	NAME	VILLAGE	Age	Gender
1	Ganava kadvabhai	Pipero	60	M
2	Khabad Maganbhai motibhai	Pipero	70	M
3	Baria fatesingbhai k	Simamoi	55	M
4	Bariya mansungbhai	Rachva	60	M
5	Ganava bhursengbhai	Pav	75	M
6	Damor virbhai B	Dumka	52	M
7	Raval Ratniben T	Singavali	80	F
8	Pasaya Nangarsinbhai k	Kotambi	64	M
9	Patel Jethabhai k.	Bhorva	56	M
10	Mohaniya Narpatbhai	Dudhamli	48	M
11	Rathod Mangiben	Garbadi	71	F
12	Chauhan Samantbhai , Guruji	Dhanpur	57	M
13	Rathod Rupabhai h.	Chari	69	M
14	Rathva zopdabhai	Mendhri	70	M
15	Ravat Guliben T.	Taramkaj	60	F
16	Sangada Ratnabhai	Sajoi	60	M
17	Parmar sankarbhai	Pipero	65	M
18	Damor rupabhai	Dumka	70	M
19	Baria kalsingbhai	Rachva	62	M
20	Bhuria Simabhai	Singavali	70	M

I want morebooks!

Buy your books fast and straightforward online - at one of world's fastest growing online book stores! Environmentally sound due to Print-on-Demand technologies.

Buy your books online at
www.morebooks.shop

Compre os seus livros mais rápido e diretamente na internet, em uma das livrarias on-line com o maior crescimento no mundo! Produção que protege o meio ambiente através das tecnologias de impressão sob demanda.

Compre os seus livros on-line em
www.morebooks.shop

Printed by Books on Demand GmbH, Norderstedt / Germany